声音的世界

撰文/陈诗喻　　　审订/王昭男

U0332623

中国盲文出版社

怎样使用《新视野学习百科》？

1 开始正式进入本书之前，请先戴上神奇的思考帽，从书名想一想，这本书可能会说些什么呢？

2 神奇的思考帽一共有 6 顶，每次戴上一顶，并根据帽子下的指示来动动脑。

3 接下来，进入目录，浏览一下，看看这本书的结构是什么，可以帮助你建立整体的概念。

4 现在，开始正式进行这本书的探索喽！本书共 14 个单元，循序渐进，系统地说明本书主要知识。

5 英语关键词：选取在日常生活中实用的相关英语单词，让你随时可以秀一下，也可以帮助上网找资料。

6 新视野学习单：各式各样的题目设计，帮助加深学习效果。

7 我想知道……：这本书也可以倒过来读呢！你可以从最后这个单元的各种问题，来学习本书的各种知识，让阅读和学习更有变化！

神奇的思考帽

客观地想一想

用直觉想一想

想一想优点

想一想缺点

想得越有创意越好

综合起来想一想

? 一天当中，除了人声，你还会听到什么声音？

? 你觉得什么声音最恐怖？

? 生活中哪些设备与声音有关？

? 为什么有些声音会让人感到不舒服？

? 如果教室变成无音室，会发生什么事情？

? 最新的声学应用有哪些？

目录

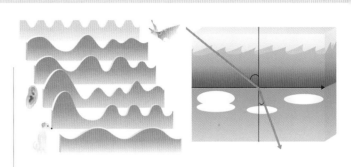

■神奇的思考帽

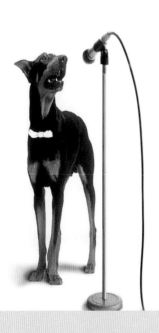

CONTENTS

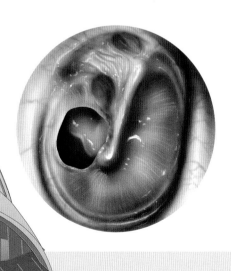

声音的产生

（音乐盒的圆筒上有不同位置的凸点，使不同长度的金属片振动发声，图片提供/维基百科）

我们的周围充满着各式各样的声音，包括大自然里的流水声、虫鸣声，马路上的引擎声、喇叭声，以及左邻右舍的钢琴声、唱歌声。这些不同的声音，到底是如何产生的呢？

如何产生声音

简单地说，声音由物体振动产生，再以"声波"的形式通过空气等媒介传播出去。例如汽车由于引擎振动而产生低沉的轰隆声，蝉借着振动腹部下方的薄膜，产生蝉鸣；小溪潺潺的流水声则是水中气

蜜蜂因为振动翅膀而发出嗡嗡声。（图片提供/达志影像）

人借着声带的振动、吉他借着弦的振动，发出不同的声音。（图片提供/达志影像）

泡碰撞周围的石头，造成空气分子振动引起的。我们弹奏乐器也是同样的原理，例如弦乐器借由"弹奏"让弦线上下振动，管乐器以"吹奏"的方式使空气在管内来回振动，打击乐器则借由"拍打"或"敲击"使乐器振动发声。

人的心脏因为跳动而产生"扑通、扑通"的声音。（图片提供/达志影像）

声音三要素：音调、响度、音色

音调、响度、音色是我们形容声音的三大指标，称为声音三要素。"音调"指声音高亢或低沉，例如女高音与男低音就有音调高低之分。"响度"指声音的响亮程度，当我们调节音量大小时，就是在调节声音的响度。"音色"也称音品，指声音听起来的感觉或品质，例如用不同乐器弹奏同一首乐曲，听起

声音的波长小，表示频率高、音调高；振幅大，则音量大、响度大。这张横波图是为了方便表示波长和振幅的大小，实际上声波是纵波。（插画/吴仪宽）

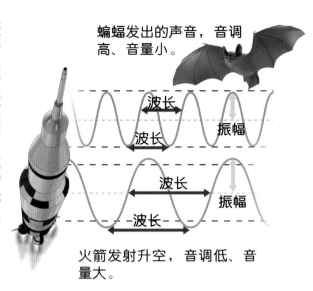

蝙蝠发出的声音，音调高、音量小。

火箭发射升空，音调低、音量大。

来感觉便完全不同。发声体的振动频率决定了音调高低，振动强度（幅度）则关系响度大小，而音色则与发声体的材质和发音方式有关。我们借由音调、响度、音色三要素，通常就能分辨出各种不同的声音。

人类发声和听声的构造。（插画/陈高拔）

人的"发声"与"听声"方式

声带与耳膜分别是我们重要的"发声"与"听声"器官。声带位于喉咙，空气由肺部呼出时，借由声带肌肉的伸缩引起振动，发出声音；而声带的长短、粗细、弹力，会影响我们声音的高低与音色，通常男生的声带较长、较厚，因此声音较低沉。耳膜位于耳朵内，声音经由空气传入耳朵时振动耳膜，再经由中耳传到内耳，产生电信号，经由听神经传到大脑，产生听觉。不过，声音也会通过颌骨、肌肉振动直接传入内耳，这也是我们听自己的声音与他人有所不同的原因。

1.发声时，空气从肺通过气管，抵达喉部声带，使声带振动发出声音。

鼻腔

口腔

声带关闭

声带张开

声带

气管

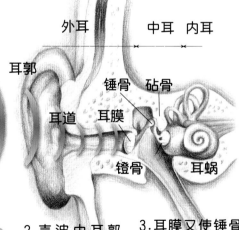

外耳　　中耳　内耳

耳郭

锤骨　砧骨

耳道　耳膜

镫骨

耳蜗

2.声波由耳郭收集，经由耳道，传到耳膜，使耳膜如鼓膜般振动。

3.耳膜又使锤骨振动，连带使砧骨、镫骨振动，最后耳蜗振动，将信息经听神经传给大脑。

早期的声音研究

（图片提供/达志影像）

人类很早就开始研究声音，最初是应用在音乐方面。例如古希腊的毕达哥拉斯根据数学比例，运用不同长度的弦，找出和谐的音程；中国古书《吕氏春秋》也记载，黄帝曾命人用不同长度的竹管，定出十二律。由此可见，不论中外，人们很早就知道声音与物体振动有关。不过声音的传播方式，不是肉眼可以看到的，直到18世纪，科学家才以实验让它"现身"。

介质的发现

17世纪，英裔爱尔兰科学家波义耳做了一项有趣的实验，成功证实声音是依靠介质传播的。他将一个铃铛放在玻璃罐中，正常情况下，仍然能听到铃声从玻璃罐中传出，但当罐中的空气渐渐被抽出，铃铛声就会变得越来越小直到听不见为止（罐内已被抽成真空）。这个实验说明：声音无法在真空中传递。换句话说，声音必须依靠介质才能传播，而空气就是一种介质。

波义耳（1627—1691）对于气体的研究取得了卓越成就，并利用真空设备证明了声音的传递需要介质（空气）。（左图图片提供/维基百科，右图插画/施佳芬）

声波的证实

18世纪末，德国科学家克拉尼发现一个有趣的现象，当弓弦在载有细沙的铁板侧边来回摩擦时，不仅会发出有规律的声音，细沙也跟着在铁板上跳动，最后形成如龟壳花纹般的形状，称为"克拉尼声图"。这是由于声波的频率恰好与铁板的自

最早证实电磁波存在的德国物理学家赫兹（1857—1894），后人以他的姓氏赫兹作为频率单位，包括声音的频率。（图片提供/维基百科，摄影/Klaus—Dieter Keller）

AN DIESER STAETTE ENTDE
HEINRICH HERT

然振动频率相同，因此产生共振，并且以发声源为中心，每隔半个波长就会形成一个波节点（静止不动点），这使波节点上的细沙停留在原位置，其他细沙则向波节点靠拢，最后形成声图（多个波节点在铁板上组成的形状）。由于"克拉尼声图"会随着声音频率不同而改变，证实了声音是以波动方式传播，以及声波具有影响其他物质的特性，如影响沙子、灰尘等微小粒子的运动。

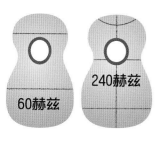

克拉尼发现的声波图，可应用在吉他板上，不同频率的声波会使吉他板上的铁粉呈现不同的图形，因此可用来检查吉他板的厚薄、形状等是否合适。（图片提供/达志影像，插画/施佳芬）

动手做彩色爆竹

你想有一个发出声音的爆竹吗？一起来动手做吧！材料：纸杯2个、橡皮筋2条、小圆环1个、牙签、弹力线（或渔线）、透明胶带、彩色细纸条、亚克力颜料、平涂笔、铅笔。（制作/杨雅婷）

1. 把2个纸杯上色，将2条橡皮筋连接起来，在桃红色纸杯的杯口，取等间距的4个位置各切出细缝，再将橡皮筋套上去固定。
2. 在蓝色纸杯底中心点钻个小孔，把牙签切成小段绑在弹力线上，并用透明胶带固定。
3. 将弹力线穿过桃红色纸杯杯底的中心位置，2个纸杯交叠的状况下预留约3厘米的长度绑上一个小圆环。
4. 用铅笔将细纸条卷绕成螺旋状，放在蓝色纸杯内。使用时将小圆环向下拉，再松手就成了。

1826年，法国数学家斯塔姆和瑞士工程师科拉顿，在瑞士日内瓦湖进行实验：左船点燃火药，使水中铃铛作响；右船通过喇叭听到铃声。比较声音到达和火光出现的时间，最后算出声音在水中的传播速度每秒约1,435米。（图片提供/达志影像）

音调与响度

（吉他借由共鸣箱加强响度）

　　翻开琴谱，我们会看到每个音符都有它对应的音阶（音调）与强度（响度），不论是高音Do还是低音Do，是强音还是弱音，只要按谱弹奏，都会奏出一曲美妙的乐章。然而，在悦耳琴音的背后，其实藏有许多物理学知识。

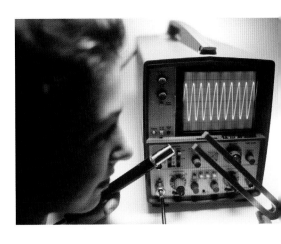

音叉发出的声音有固定的频率，因此可用来调音。图为音叉显示的声波图形。（图片提供/达志影像）

 ## 音调与频率

　　声音音调的高低，是由发声体振动的快慢决定的，每秒内来回振动的次数称为声音的"频率"，单位是赫兹（Hz）；声源振动的频率越高，产生的音调越高，声音听起来也越尖锐。例如当我们敲奏管钟时，越短的琴管会发出越尖锐的声音，这是因为空气在琴管中来回振动的频率较高。人耳听得到的声音是有范围的，

2001年，世界三大男高音在北京演唱，左起：多明戈、卡雷拉斯、帕瓦罗蒂。（图片提供/达志影像）

频率约在20—20,000赫兹之间。频率高于2万赫兹的"超声波"（又称超音波），以及频率低于20赫兹的"次声波"，我们都听不见，但它们可应用在很多地方。

男女歌唱家的音域。（插画/施佳芬）

女高音
女低音
男高音
男低音

 ## 响度与强度

　　响度是指声音听起来的大小、强弱，主要与发声体本身的振动强度（幅度）有关；振动强度愈大，表示声音携带的能量

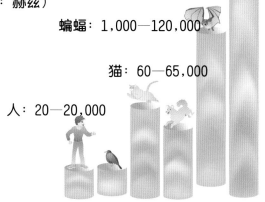

人和其他动物接收的声音频率范围，其中鸟类和人最接近，狗则能听到较低的声音频率。（插画/施佳芬）

（单位：赫兹）

海豚：150—150,000

蝙蝠：1,000—120,000

猫：60—65,000

人：20—20,000

鸟：250—21,000　狗：15—50,000

愈大，响度也就愈大。一般我们用音压位准分贝（dB）作为比较声音大小的单位，人耳可听见的音压位准范围大约在0—140分贝。响度与音压位准大小并未成正比，若以0分贝（人耳所能听到的最小声音）为基准，一般而言，音压位准每增加10分贝，人耳便会觉得声音增大1倍（代表响度是原来的2倍）。

响度还与距离有关，当我们距离音源愈远，声音听起来就愈小。有些乐器会借共鸣箱增强响度，如吉他的共鸣箱能收集部分能量，将原本散乱的声波转为相位一致（即共振），使振动强度（幅度）加大，最后从共鸣孔传出，听者便会感觉声音（响度）被放大了。

警察正在检验汽车的分贝。一般人类说话约40—50分贝，热闹的音乐会约100分贝。若长期处于100分贝以上的环境，耳朵可能会受伤害。（图片提供/达志影像）

毕氏音阶

毕氏音阶是目前被广为使用的音阶，由低到高分别为Do、Re、Mi、Fa、So、La、Si共7个音，是由古希腊数学家毕达哥拉斯（公元前580—前500年）发明的。毕达哥拉斯通过单弦琴的实验发现：将单弦琴的弦桥放在琴弦的中间点时，两边的弦音会一模一样；将弦桥放在两边弦长比为一个简单整数比的位置时，声音是和谐悦耳的。毕达哥拉斯依此定出琴弦长度比为1∶1时，两弦为一度音程（Do与Do）；4∶3、3∶2与2∶1时，分别为四度（Do与Fa）、五度（Do与So）与八度音程（低音Do与高音Do）。之后，毕达哥拉斯又找出第二、三、六与第七音阶，形成现在我们应用的毕氏音阶。

毕达哥拉斯根据单弦琴的弦长比例，制定音阶；他所采用的比例，能使配对的两个音阶非常和谐。（插画/施佳芬）

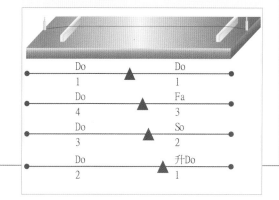

Do 1	▲	Do 1
Do 4	▲	Fa 3
Do 3	▲	So 2
Do 2	▲	升Do 1

音色

聆听交响乐演奏时，你能分辨出各种乐器的声音吗？哪种乐器的音色是你最喜欢的？其实，就算是同一种乐器，也会随演奏技巧的不同、材质的不同，带给听者全然不同的感受。

影响音色的因素

音色主要由发声体的材质、发音方式所决定。不同材质具有不同的密度、硬度与结构，会发出不同的音色，如木琴与铁琴、钢弦吉他与尼龙弦吉他。此外，发音方式不同还会影响音色，以小提琴来说，起奏位置不同（如中点、近端点）或演奏技巧不同（如压弓擦弦、跳弓、拨弦）等，都会使音色不同。除

乐器的音色也会受到演奏方式的影响，图中演奏爵士乐的大提琴手用手拨弦。（图片提供/达志影像）

材质是影响音色的重要因素，可试试敲打塑料盆、铁盆、木椅等，听听有什么不同。（图片提供/达志影像）

此之外，不同的乐器也由于基音与各个泛音之间的响度（强度）比例不同，使混合而成的声波波形不同，因而呈现不同音色。

基音与泛音

基音与泛音是组成乐音的基本元素。音源产生的最低音为"基音"，以基音的频率为基准，可依序找出"第一泛音"（基音的2倍频率）、"第二泛音"（基音的3倍频率），并依此类推。假如声音只

含有一种频率，听起来的音色就会较为单调；相反，如果声音含有多种频率，且互为简单整数比（如1:2），就会形成和谐悦耳的"乐音"。以拨动吉他来说，吉他弦不只全弦振动，每一部分还能同时作局部振动，因此产生基音、第一泛音（弦分为2段振动）、第二泛音（弦分为3段振动）……一起合成吉他特有的音色。

基音　　　　　　入射波

　　　　　　　　反射波

第一泛音　波腹

　　　　　波节（不振动点）

第二泛音

仔细听吉他，即便同一根弦，从开始发声到停止，也会产生不同声音，这是由于基音和泛音之间比例的变化产生的。（图片提供/达志影像）

共鸣腔与口技艺术

共鸣腔一般被用来扩大声音的响度，但在增大声音的同时，也会使音色改变，而口技便是人们借由控制身上的共鸣腔，来模仿万物声音的一种技术。人体主要有胸腔、口腔和头腔（包括鼻腔）三大共鸣腔，口腔的形状可依我们的意志自由控制，于是经由舌的动作、口的开合与唇形的变化等共同作用，再配合鼻腔发出的鼻音、胸腔的低音共鸣，便可以产生各种各样的声音。常见的有模仿猫狗叫声、爆炸声、汽车引擎声，以及各种乐器声音等。

口技演出经常运用到鼻子，以鼻腔来改变声音。（图片提供/达志影像）

左图：当声波射出后和反射波结合，称为驻波。乐器产生的驻波不只一种波形，最基本的称为基音，音调最低；同时还会有其他比例的波形，称为泛音。（插图/施佳芬）

右图：直笛中的泛音，波形由波节开始，波腹结束。（插图/邱静怡）

直笛属于木管乐器，虽然没有簧片，但吹气能使吹嘴附近的切口产生振动。

笛中的空气柱随着按孔位置而变化长短，空气柱愈长，声音愈低。

声音的传播

（室外与室内的环境不同，声音的传播效果也不同，摄影/张君豪）

打雷的时候，为什么总是先看到闪电，接着才听到雷声呢？这是因为声音跑得比光慢的缘故。声音在空气中的速度是每秒343米左右，相当于时速1,235千米，如果改由液态或固态的介质来传导，声音会跑得更快，你知道这是为什么吗？

横波（上）和纵波（下）的比较。（插画/施佳芬）

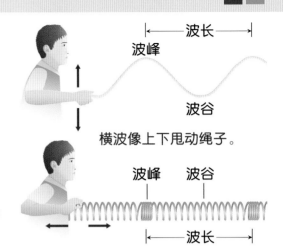

横波像上下甩动绳子。

纵波像前后拉放弹簧；声波属于纵波，密部是波峰，两个密部之间是波长。波长大，表示频率低，音调就低。当密部愈密、疏部愈疏，则表示振幅大，音量大。

声波

声波是声源物体振动时，前后挤压空气分子产生的，并借此传送声音的能量。物体向前挤压与向后拉回时，在空间中形成"疏密波"，而受到挤压的空气分子又再挤压其他分子，于是像推骨牌似的将能量传递出去；由于介质振动的方向与波前进的方向平行，因此物理学上将声波归类为"纵波"。除了空气能传递声音，液体（例如水）、固体（例如木材、钢铁）都能成为声音的"介质"。在没有介质存在的地方（即真空中），声波无法传播，例如我们在外太空听不到任何声音。

看烟火时，因为光速比声速快，因此我们会先看到火光，后听到爆炸声。（图片提供/GFDL，摄影/Nachoman—au）

声波的传播速度

1708年，英国人德罕姆借由注视远方发射的大炮，测量大炮发出闪光与自己听见轰隆声的时间差，首次计算出声波在空气中的速度：气温20℃时，声波每秒前进343米左右。科学家还发现，声速并不会随着声音的音调、响度而改变，但是与传递声音的介质有关：声音在水中的速度是空气中的5倍，在钢铁中的速度则是在空气中的近20倍，这是因为液体和固体的分子排列较气体紧密，传递声音的速度因而较快。声音在空气中的速度还受到温度和风速等因素影响，温度高、风速快都会加速声音的传递。

声音在气体中传播最慢，液体其次，固体最快。（插画／施佳芬）

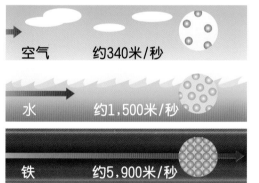

空气　约340米/秒

水　约1,500米/秒

铁　约5,900米/秒

多普勒效应

你是否注意到救护车驶向我们时，鸣笛声听起来较急促，驶离时听起来较缓慢？救护车鸣笛声的发声间隔是固定的，但为什么会有这种变化呢？这是因为声源正在移动，产生了"多普勒效应"。当声源朝我们而来，在发出第一个音后，会在更接近我们的地方发出第二个音，两音间隔听起来缩短了；换句话说，声波的波长变短，频率变高，声音较尖锐。相反，当声源离我们而去，第二个音会在更远的地方发出，两音间隔听起来变长了；这时声波的波长变长，频率变低，声音较低沉。这是奥地利科学家多普勒于1842年提出的，适用于各种波。

前进的车辆（左）会使车前的波长缩短，发出尖锐的声音；离去的车辆，则使车后的波长拉长，声音变得低沉。（插画／吴仪宽）

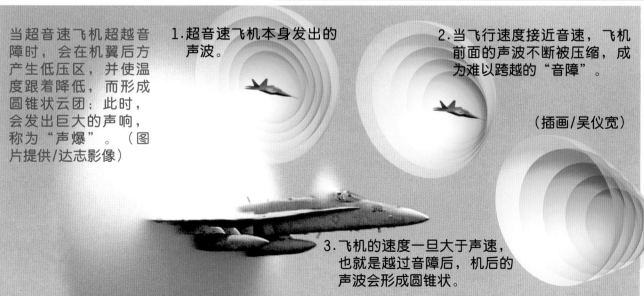

当超音速飞机超越音障时，会在机翼后方产生低压区，并使温度跟着降低，而形成圆锥状云团；此时，会发出巨大的声响，称为"声爆"。（图片提供／达志影像）

1. 超音速飞机本身发出的声波。

2. 当飞行速度接近音速，飞机前面的声波不断被压缩，成为难以跨越的"音障"。

（插画／吴仪宽）

3. 飞机的速度一旦大于声速，也就是越过音障后，机后的声波会形成圆锥状。

声波的反射

（法国F70级护卫舰 La Motte-Picquet在舰尾装上声呐仪器设备，图片提供/GFDL）

你是不是也喜欢边洗澡边唱歌，享受开个人演唱会的快感？在浴室里唱歌时，不需要麦克风，声音就有被放大的效果，这是为什么呢？

北京天坛的皇穹宇，外面环绕着回音壁。墙的内壁十分光滑，因此人在一头小声说话，声音便能经由连续反射，沿着墙传到100多米远的另一头。（图片提供/达志影像）

反射现象与回音

声波遇到障碍物时会反射，产生回音。如果障碍物距离我们较近，声音从发出、反射到回传进入我们耳中的时间小于50毫秒，便不容易分辨出回音，只会感觉到声音变大了，这种现象在浴室、电梯等狭小空间中时常发生。相反，如果障碍物距离我们较远，声音回传的时间大于50毫秒，我们就可以清楚地听到回音。此外，声音遇到不同的障碍物，反射回来的声波强度会不同，坚硬光滑的表面回声大，柔软粗糙的表面

回声小，因此在浴室的回音效果比一般房间明显。

声音的反射效果受到距离和材料的影响，因此在浴室唱歌的效果特别好。（插画/邱静怡）

壁面的瓷砖坚硬光滑，让声音能充分反射。

浴室的空间小，反射时间短，使回音能融入原来的声音。

如何避免回音

听演奏会或看电影时，不妨观察一下四周的墙壁，可以发现它们不是挂着丝绒帘幕，就是凹凸不平、有着无数小

雪的内部疏松，有许多细小空隙，具有吸音效果，因此下雪时特别安静，不像下雨般吵闹。

洞，这些都是为了消除回音所做的设计。回音会形成所谓的"残响"，使声音模糊，影响表演品质，因此演奏厅或电影院都会在墙面铺上多孔、柔软的材料来"吸音"。基本的吸音原理是当声音进入孔口后，会在内部多次反射，造成空气分子不断来回摩擦，渐渐转为热能而消失。常见的吸音材料有"多孔材料"与"开孔板材"两类。多孔材料如玻璃棉、岩棉及矿渣棉等，对于中高频声波的吸音效果较佳；开孔板材如开孔石膏板、吸音开孔铝板等，用来吸收特定频率的声音。

隔音室内的吸音楔能防止声音反射，以免干扰测试。（图片提供/达志影像）

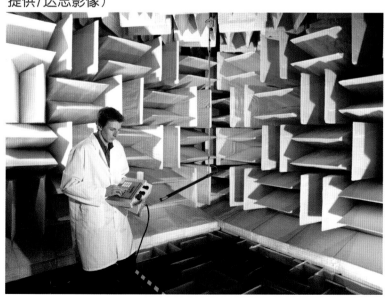

医学超声波检查

"医学超声波检查"是借由接收到回音的时间，计算出与物质的距离，并以接收到的回音强度，侦测物质的种类与性质。例如从脂肪到肌肉的回音比例为1%，从脂肪到骨骼的回音则为50%。一般检测使用的超声波，频率范围介于2—18兆赫。检测时，超声波由探头（或称换能器）发射，经过涂抹在皮肤上的凝胶状物质导入人体，可清楚显示肌肉、软组织与器官表面，但是不易穿透骨骼，探查深度也有限制，最常用于检查腹部、盆腔、心脏等，或是追踪胎儿发育状况。

怀孕20周的孕妇在做超声波检查，医师右手持的仪器能放出超声波，以检测胎儿的发育情况。（图片提供/达志影像）

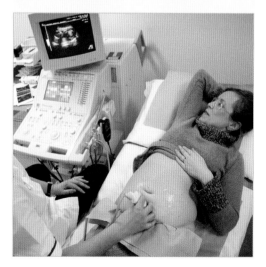

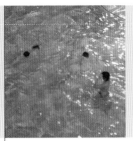

声波的透射和折射

（游泳时，在水面上和水中听到的声音会不同，图片提供/GFDL，摄影/RoxRox）

　　游泳时潜入水中，是不是依稀听得到岸上的谈话声或加油声呢？这是空气中的声波透射进入水里的结果。当声波从空气穿透至水中时，除了能量减小，传递方向也会偏折（也称折射），这不仅使我们听到的声音变小，还容易错判声源的方位。

季节也会影响声音的传播。冬季地面上层的温度比地面高，因此声音会向下折射，传到地面；相反的，夏季地面温度较高，声音传到一定距离后，会向上折射，无法传到地面。（图片提供/达志影像）

 ## 透射与反射

　　声波遇到不同介质时，部分能量会透射过去，部分能量会被反射回来。如果所遇介质密度、声速与原介质相近，透射波能量大；相反，如果介质密度、声速与原介质差异大，则反射波能量大。以密度来说，当声波从密介质传至疏介质时（例如从水到空气），或者从疏介质传至密介质（例如从空气到水），多数的能量被反射，仅有少量的能量被透射。因此，潜在水中的人不易听到空气中的声音，同样的，在空气中的人也几乎听不到水中发出的声音。

当我们潜入水中，便不容易听到空气中的声音，同时也不容易把声音传出水面，这是因为水和空气的密度差异大。图为日本横滨八景岛海岛乐园的工作人员为水中动物过圣诞节。（图片提供/达志影像）

 ## 波的折射定律

　　"折射定律"是荷兰数学家斯涅尔于1621年发现的，用来描述声波进入不同介质后，传播方向发

温度渐减

温度渐增

生偏折的现象。当声波由声速快的介质进入声速慢的介质时，折射角小于入射角，透射波会偏向法线；相反，当声音由声速慢的介质进入声速快的介质时，折射角大于入射角，透射波会偏离法线。两种介质的波速差距愈大，偏折的角度就会愈大。

唐朝张继写的诗《枫桥夜泊》中，有两句"姑苏城外寒山寺，夜半钟声到客船"，非常符合声音的折射现象。夜里河面的温度较高空低，因此钟声会向下折射，传到船上诗人的耳中（右上图）；如果是中午，河面温度较高空高，钟声向上折射，就无法传到河面了（左上图）。（插画/陈高拔）

静声区

你是否有过这样的经验：在炎热的操场上呼叫远方同学时，即使喊叫的声音再大，对方也没有反应，这时候他很有可能正位于"静声区"，因此听不到呼叫声，当然也就无法作任何回应。简单地说，静声区是由于白天地面的气温较高，声速较快，声音因此向上折射，而不沿地面传播形成的。这使得在离发声源一段距离的地方，出现声音无法到达某一区域的现象，这个区域就称为静声区。不过，入夜之后由于地面的气温较低(与高空比较)，声速较慢，声音便无法向上折射，因此不会产生静声区。

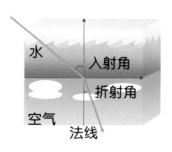

水
空气
入射角
折射角
法线

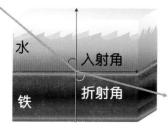

水
铁
入射角
折射角

在窗户紧闭的车中说话，车外几乎无法听到，这是因为空气和玻璃的密度差异太大，声音不易穿透出去。（摄影/萧淑美）

左图：在空气、水、铁3种介质中，声速愈来愈快，因此声波由水进入空气，折射角会小于入射角（上）；由水进入铁，折射角则大于入射角（下）。（插画/施佳芬）

声波的衍射

（车站的服务台以玻璃窗隔绝噪音，但仍设有小孔，让声音可以衍射进去，以便乘客和服务人员说话。摄影/张君豪）

躲在水泥矮墙后，为什么仍可听见墙的另一边传来声音？这是声音"绕过"墙面，进入我们耳朵的结果。此时，低沉的声音会比高亢的声音听得清楚，这又是什么原因呢？

 ## 衍射现象的产生

"衍射"是指声波传递方向不依循直线，而会沿障碍物边缘弯曲的现象，因此声波可以到达障碍物后方，使我们听见围墙外传来的声音。不过，只有声波的波长大于障碍物时，才会产生衍射。波长是声波振动一次所传播的距离。在声波行进中，当遇到比自己波长小的障碍物时，便会改变方向绕过障碍物，并向障碍物后方传播；相反，遇到比自己波长大的障碍物时，大

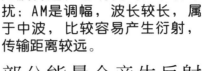

一般电台广播使用FM或AM系统，FM是调频，通常用高频、短波传送，容易受到建筑物干扰；AM是调幅，波长较长，属于中波，比较容易产生衍射，传输距离较远。

部分能量会产生反射而反弹回来，进而在障碍物后方产生听不到声音的"声影区"。综合来说，声音波长越长，衍射现象就越明显，声影区越小。同时，波长越长，频率就越低，因此在障碍物后方，低沉（低频）的声音总是比高亢（高频）的声音听得清楚。

 ## 衍射现象与隔音

衍射现象使声波穿过细缝或洞口后，继续向四方传播，因此空间若非完全密闭，就很容易听到外面的声音，或将声音传出去，所以"无缝隙"成为隔音的首要条件。例如家中的隔音窗，会在

由于声音的衍射，即便没有看到车，也可以听到转弯巷子内的车子声音。（图片提供/达志影像）

在音乐厅，台上的乐声遇到柱子会产生衍射，因此坐在柱子后面的听众仍可听到；当乐声到达打开的大门，波长较长的乐音可以绕过门口传到外面。图中大提琴的波长较长，因此比小提琴容易听到。（插画/吴仪宽）

澳大利亚墨尔本高速公路上透明的隔音设备，能有效阻隔车辆行驶的声音，同时不妨碍当地的景观。（图片提供/GFDL）

低声音的衍射、反射与透射，有效隔绝噪音。不过，过高的隔音墙风阻较大，因此上缘往往弯折或呈弧形，这样不但能降低风阻，还可增加隔音效果。

窗子四周加装塑料垫片与气密压条，来隔绝声音衍射，或增加玻璃厚度以避免声音"透射"；道路隔音墙则是将高度加高，并在墙面以及上缘使用吸音板，材质则选用质量大且密度高的隔音材料（混凝土、钢板等），来分别降

气密窗的原理就是利用胶条封住窗户四周空隙，阻止声音衍射进来。图中的弯曲导轨能使隔音效果更好。（摄影/张君豪）

找回喇叭的好声音

　　家中喇叭的声音不太清晰吗？检查一下，可能是靠墙摆放的原因。喇叭靠墙越近、缝隙越窄，声音在喇叭后方产生的反射就越明显，形成一个"虚音源"。这是因为喇叭发出的声音向前后传送，向后方传播(绕过喇叭)的声音会遇到墙壁而被反弹回来，就像有一个音源在喇叭后方一样，因此称为虚音源。虚音源会造成相位的干涉，低频音的波长较长，反射音与喇叭向前方输出的声音几乎同相位，产生建设性干涉，所以会觉得低音强度变大、变厚重了。相反，中高音的波长较短，由墙面反射的声音，经过缝隙这段路径后，可能与喇叭向前方输出的声音产生相位相反或较大的相位差，而产生破坏性干涉，因此中高音干扰就非常明显。要解决喇叭贴墙的反射问题，可以在墙面贴上吸音棉或吸音板，以避免虚音源的干扰。

喇叭太靠近墙壁时，波长较短的中高音容易出现干扰。（摄影/萧淑美）

音乐厅的声学设计

（美国波士顿交响乐大厅，舞台墙面向内倾斜，使声音集中。图片提供/GFDL，摄影/mooogmonster）

好听的音乐可以让人心情愉悦，因此人们发明了各式乐器，谱出各种乐曲；然而，要是音乐厅的设计不能与之配合，音乐的效果就会大打折扣。

音乐厅的四大指标

响度、丰满度、清晰度、空间感是判断音乐厅好坏的四大标准。足够的"响度"是最基本的条件，声音太小或太大，都会造成听众耳朵的负担。"丰满度"是指声音发出后，是否有余音缭绕的感觉，适当的余音感可以让人感觉声音丰

柏林爱乐音乐厅将观众席环绕在舞台周围，让观众感到亲切。舞台上方有帆形的反射板。（图片提供/维基百科，摄影/Schnittke）

满而不干瘪。"清晰度"是指声音是否听得清楚，混浊的声音会大大降低整场演奏的品质。"空间感"则是指声音给人的空间感受，例如我们闭上眼睛，仍可以判断出声源的方向与远近，如果声音从四面八方传来，我们就会产生被声音环绕的感觉。如何让每位听众听到响度适中、丰满又不失清晰度的声音，以及产生被声音围绕的空间感，都是设计师在设计音乐厅时，必须考虑的环节。

澳大利亚悉尼歌剧院主要由丹麦建筑师乌赞设计，建于1959—1973年，内部有音乐厅和歌剧院两大演奏厅。（插画/吴昭季）

舞台上的反射板，称为浮云，是由透明亚克力制成的环，能够将声音反射给舞台上的演奏者。

为了增加声音的反射，天花板和墙壁的设计有如折叠的布幕。

音乐厅的平面呈多边形，舞台前的观众席先呈向外的扇形，后半则向内收进。

逐层升高的坡度能使声音的传递不受前面座位的阻碍。

直达声、近次反射声与混响声

响度是由"直达声"与"近次反射声"的强度加总决定的。"直达声"是指以最短距离（直线前进）到达听众的声音，一般会加大听众席坡度，来减少前排听众对直达声的遮挡；比直达声晚50毫秒内到达的称为"近次反射声"，一般会在厅堂上方设置反射板，并调整板面的角度，让传递至天花板的声音经由反射，在50毫秒内均匀地扩散至听众席。

此外，如果要获得丰满又不失清晰度的声音，就必须控制余音的时间（混响时间）；只要是晚于直达声50毫秒以上的声音就称为"混响声"。一般来说，厅堂体积越大，或厅内的吸音体越少，则混响时间越长。在混响时间长的大厅里，声音会在地板、天花板与四周墙面间不断反射，让声音充满大厅，听众会有被声音包围的环绕感。但是，过长的混响时间会让清晰度变差，因此一般认为混响时间控制在1.5—2秒为最佳。

左下图：英国皇家爱尔伯特音乐厅是维多利亚女王献给过世夫婿的。观众席呈马蹄形，可使后排观众离舞台较近，但易造成声音汇聚的现象。右下图：维也纳金色大厅的平面呈长方形，音响效果佳，图为2008年的新年音乐会。

音乐厅内的地毯、座椅的椅垫都会吸音，而人体也有吸音效果，因此有些音乐厅采用活动椅垫，满座时便取下，以免吸音太多。（图片提供/达志影像）

音乐厅的发展

18、19世纪，音乐厅随着欧洲音乐的繁盛应运而生。最初的音乐厅起始于宫廷大厅，规模不大，仅供皇家贵族使用。直到19世纪后期，欧洲才出现一些规模较大的音乐厅，例如奥地利的维也纳金色大厅，平面呈长方形，像鞋盒，属于鞋盒式音乐厅；法国的香榭丽舍音乐厅，平面为扇形，由于听众席面积过大，吸音偏多而使混响不足，效果不如鞋盒式音乐厅。1963年建成的柏林爱乐音乐厅，平面近似不规则的八角形，为首度采用观众席环绕演奏台的布置形式，缩短了最后一排听众和乐队间的距离，但各乐器间的位置必须配置得宜，才能避免主奏或主唱的声音被其他乐器掩盖。

（图片提供/达志影像）

（图片提供/达志影像）

单元10

乐器

（萨克斯的吹嘴有簧片，因此虽然以铜制作，但仍属于木管乐器。）

古今中外，不论中国的琵琶、印度的班舒李笛，还是欧洲的小提琴等乐器，不外乎以弹（拉）奏、吹奏、敲击来发声，因此可以分为弦乐器、管乐器、打击乐器三类。

钢琴（左）愈往右的琴键，弦愈短，音调愈高。管风琴则利用簧片振动音管中的空气，发出声音。
（图片提供/GFDL，摄影/Alton Thompson）

 ## 弦乐器（弦鸣乐器）

依琴弦发声的方式，弦乐器分为三大类："擦弦"乐器（如小提琴、二胡）、"拨弦"乐器（如吉他、琵琶）和"击弦"乐器（如钢琴、柳琴）。

"擦弦"乐器与"拨弦"乐器是以按弦来决定音调高低，弦愈长，音调愈低，并以拉弓或弹拨琴弦给予声音力度和音色。"击弦"乐器则以琴槌敲击弦线来发音，每条弦线都各有固定的音调。除了琴弦长短，弦的松紧度也会影响音调的高低，因此演奏前需适当调整（调音），以避免音调失准而影响演奏品质。

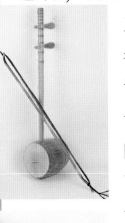

中国乐器二胡和西方乐器小提琴都属于擦弦乐器；二胡又称胡琴，有两根弦。乐手用琴弓擦弦，使琴弦振动而发出声音，并用手指在琴弦上移动，按住不同位置，以变化音调。

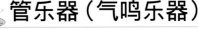 ## 管乐器（气鸣乐器）

管乐器分为"木管乐器"与"铜管乐器"两大类，但不是根据材质分类，而是根据发声方式分类。"木管乐器"大多借由吹气使簧片振动，吹气的力度不同，振动的频率就会不同，如单簧管、双簧管；"铜管乐器"则借由嘴唇的振动来控制频率的高低，如低音号、法国号、长号等。

不论是"木管"乐器还是"铜管"乐器，吹入的空气都会在管内来回振荡（产生共振），形成空气柱，有的通过堵住或放开特定孔（如直笛）来改变空气柱长度，有的则以活塞（如法国号）或伸缩管（如长号）来控制。总之，空气柱愈长，产生的基音愈低，例如Do音比Re音的空气柱长，只要再搭配嘴唇（或簧片）振动的快慢，就能在相同的空气柱下产生不同的泛音列，例如产生高音Do与中音Do。

低音号是音域最低、体积最大的铜管乐器，乐手对着吹嘴吹气，使铜管内的空气柱振动而发出声音。（图片提供/达志影像）

手机和弦

和弦可以构成和声，让声音听起来更加饱满、圆润。乐理上，和弦由3个以上纯律音阶组合而成，由于频率互成整数比，声音听起来和谐而不刺耳。以C大三和弦为例，分别由C、E、G3个音阶组成，频率比为4：5：6。除了三和弦（3个音），还有七和弦（4个音）、九和弦（5个音）等。不过，在音频器材（例如手机）上，和弦指的是多个音源（音轨）同时发音，又称作复音。一部16和弦的手机（可同时发出16个声源），能够模拟5种乐器，同时发出三和弦。而40和弦的手机则能模拟10种乐器，同时发出七和弦，或是13种乐器同时发出三和弦等。因此手机的和弦数越多，组合便越多，音色也就越丰富。

 ## 打击乐器

打击乐器多以敲击来发出声音，分为"有调"与"无调"两大类："有调"是指能发出不同音调，奏出旋律，如铁琴、木琴、定音鼓等。这些乐器以击槌敲击琴板或鼓面，击槌的材质愈硬，声音就愈明亮而清脆；击槌的材质愈软，声音就愈显沉闷。"无调"则指只能发出单个音调，大多用来加强乐曲力度、提示音乐节奏，如大鼓、钹、铃鼓等。这些乐器有的用槌敲击，有的用手拍击，甚至用摩擦、摇晃等方式，一般而言，以手拍击的音色比较生动，例如非洲鼓。

木琴的琴键长短不同，可以发出高低音，属于有调打击乐器。（图片提供/达志影像）

声音的接收

（麦克风，图片提供/维基百科，摄影/Alton Thompson）

声音的发生，先是物体振动，然后引发空气（介质）振动后传播出去；那么接下来又该如何有效地接收声音，才能将振动转成大脑可以解读的神经信号，或是机器可储存的电流信号呢？

从外耳看耳膜，图中的孔洞是因为中耳发炎引起的，会影响听觉。
（图片提供/达志影像）

 动物如何接收声音

耳朵是特化的听觉器官，专门负责接收声音，分为外耳、中耳、内耳3部分。以人为例，声音由耳郭收集，引起耳膜振动后顺势推动中耳的3块听小骨，进而激发内耳（耳蜗）淋巴液的波动，毛细胞就会感应并产生电脉冲，通过听神经传至大脑，于是产生听觉。虽然一般哺乳动物外耳的形状大小不同（例如兔子是长耳朵，熊是半圆形耳

兔子的耳郭大，因此能收到较多音波。（图片提供/ GFDL）
当人听不清楚时，常常把手放在耳旁，也是同样功能。
（图片提供/达志影像）

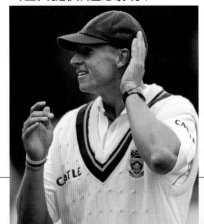

朵），但声音传达的机制相同，都是由耳膜振动再传入中耳与内耳。此外，有些动物还会通过身体的其他部位，感受声音的

共鸣现象

共鸣是当一个物体发出声音(振动)后，引发另一物体也跟着发声的现象，此时的振动频率称为"自然频率"。每个物体都有属于自己的自然频率，频率的高低由物体本身的弹性、形状等性质决定，一旦接收到与本身自然频率相同的声音，便会开始振动、发出共鸣。钢琴便是利用共鸣原理来调音。调音师先敲击特定频率的音叉，接着调整琴弦的松紧(即调整频率)，当琴弦可以与音叉共鸣时，表明琴弦已经被调整到特定(与音叉相同)的频率。另外，共鸣箱可让不同音调(频率)的声音在内部产生共振，同时发出多组频率的共鸣声，增加乐器的响度。

振动，例如蜘蛛步脚外侧的听毛、鱼的侧线等，都能用来感觉振动（声音）的方向。

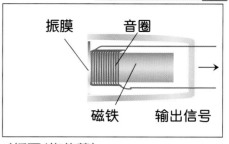

 ## 麦克风如何接收声音

依据接收声音的方式不同，麦克风可分为"动圈式"与"电容式"两种。

动圈式麦克风的价格较便宜，常用于一般KTV店。它包括振膜、音圈（线圈）、永久磁铁3部分。当声音推动振膜，随即带动缠绕于磁铁上的音圈前后振动，音圈感受到磁场的改变后，便会产生电流输出；由于音圈较振膜厚重许多，使振膜和音圈整体的反应速度较慢、灵敏度较低，因此高频声音容易失真。

电容式麦克风的收音效果较好，常被用于一般录音室。它利用电源提供固定电荷储存于电容上。电容由振膜与基板组成，一旦声音推动振膜，振膜与基板的距离发生改变，就会产生电压变化而输出电荷。虽然需要电源才能运作，但是由于振膜轻薄，因此反应快速、灵敏度高，高频不易失真，收音效果也就比较清晰、明亮。

（插画/施佳芬）

一般唱歌使用动圈式麦克风，不用电源，以磁生电，产生电信号。（图片提供/达志影像）

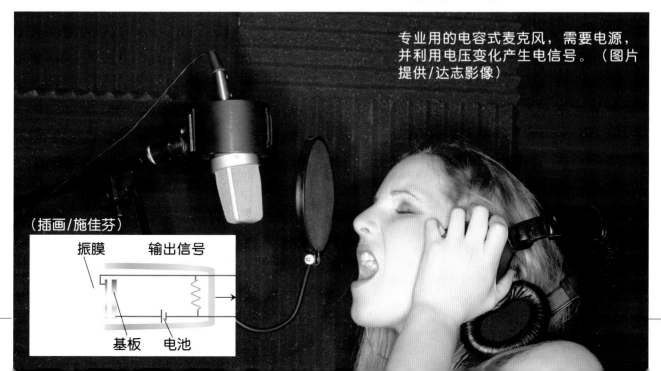

专业用的电容式麦克风，需要电源，并利用电压变化产生电信号。（图片提供/达志影像）

声音的录制

（录音带的磁头，图片提供/维基百科，摄影/Alton Thompson）

人们为了将美好或重要的声音保存下来，从最原始的留声机、磁带录音机等"类比式"录音装置，演进到现在的CD、MP3等数字录音方式。

 ## 类比录音

"类比录音"是直接将声波波形（振动的幅度）记录下来，例如留声机与磁带录音机等。留声机是最早出现的录音装置，由爱迪生于1877年发明，它利用与振动膜片相连的钢针，将声波波形"刻录"至载体（锡箔外壳的圆筒，后来改成唱片）。播音时，让钢针循着载体上的刻痕运动，与此同时，钢针带动膜片振动，发出声音。磁带录音机是1935年德国通用电气公司发明的，它利用电磁感应原理，将麦克风收集

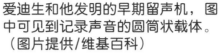
爱迪生和他发明的早期留声机，图中可见到记录声音的圆筒状载体。（图片提供/维基百科）

的电流信号输送到磁头（电磁铁），并磁化磁带（载体）上的铁粉。播音时，具有磁性的磁带会反过来在磁头上产生电流，最后传到喇叭发出声音。

虽然与唱片相比，磁带可以消磁和多次重复录音，但两者都是将声音波形直接记录在载体上，只要稍微被刮损便会造成声音失真，因此不易保存。

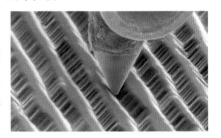

黑胶唱片上的沟槽是音乐的信号，沟槽愈平直，声音愈小；沟槽愈弯曲，声音则愈大。（图片提供/达志影像）

下图：唱针会随唱片上的沟槽振动，然后转换成电信号，经过放大器和喇叭播放出来。DJ播放音乐时，会利用两个唱盘，让音乐不中断，同时还会利用唱片反转做出特殊效果。（图片提供/达志影像）

数字录音

"数字录音"是对声音取样后，转为0和1的数位格式储存起来，例如CD和MP3录音等。

最早的CD是1980年由飞利浦（Philips）和索尼（Sony）共同研发的，用

录音室的录音是将声音经过麦克风传到混音控制台，然后加以收编、润饰和调整。图中左边的人员则在一旁伴奏，加入配乐。（图片提供/达志影像）

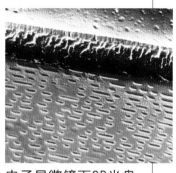

电子显微镜下CD光盘的表层，可以看到已烧录好的音乐的数字信号（以黄、红色表示），能供激光读取。（图片提供/达志影像）

多声道录音

多声道录音是一种录制立体声的录音技术。收音时以不同麦克风接收各个声源（例如不同的乐器声），并分别储存在母带上；当需要合成立体声节目时，通过混音器便可以将这些声源经由人工延迟、混响、音调补偿等处理，让声音按不同比例分配到左右两声道（或多声道），最后录制到多轨载体（例如多轨磁带、唱片）；播放时，听者可以感受到声音自不同方向传来，从而获得立体感。此外，由于部分声源还可被制成独奏、伴奏等节目，重复利用性非常高，因此被广泛应用于广播节目、唱片等的录制。

来制作音乐唱片。CD录音的取样频率为44,100赫兹，代表1秒内取样44,100次；激光读写头依据取样后的数字资料，利用高瓦数的激光在空白CD光碟上"烧出"凹凸点（分别代表0或1），读取时利用凹凸点反光性质的不同，便可还原为声音信号输出。由于读取时不需碰触光碟，因此CD录音具有不易磨损、不易失真、保存期长等优点。

至于MP3录音，除了将声音数字化以外，还会滤去人耳听不到的声音，并以MP3压缩格式将声音储存于电脑硬盘中，录音音质虽然不及CD，但档案小、储存与传输方便，已经成为最普遍的声音信息储存方式。

1. 同样音调的声波（频率相同），只取最大声（振幅最大）。

2. 低于20赫兹的声波，人类听不到，不取。

3. 超过2万赫兹的声波，人类听不到，不取。

4. 相同的声波，重复出现时，不取。

MP3压缩音乐的方式是除去不需要的信号，使文件变小，是CD格式的1/12。（插画/施佳芬）

声音的播放

（一般电脑可用内置或外接喇叭来播放声音，摄影/萧淑美）

看电影时不妨观察一下，声音是否会随着剧情变化，时而从上面，时而从后面等不同方向传来？这都是为了让观众犹如置身剧情当中，感受真实的临场感。

 如何让"原音重现"

当播放的声音传真度高、接近原声时，就会让人感觉"原音重现"。要呈现无失真、无杂音的声音，播音设备（例如音响与耳机）是关键。以音响为例，音响的结

左下图：4单体扬声器，各掌管不同频率的声波，使声音更为真实。（图片提供/维基百科，摄影/Tobias Rütten, Metoc）

右下图：扬声器是将传来的电信号还原为声波，产生声音，图为旧式的扬声器。

现代人常用耳机来播放音乐，耳机中有音圈、磁铁，通过电流的音圈会在磁场的作用下前后移动，并使振膜跟着振动而发出声音。（图片提供/达志影像，插画/吴仪宽）

构可分为放大器和喇叭（又称扬声器）两部分；放大器负责将音源信号的功率放大，扬声器则负责将声音信号转为声音输出。由于是借由振膜振动发声，当声音信号频率太高或太低，超过振膜允许的振动极限时，声音便会明显失真、产生破音。此外，设计不良的放大器也容易造成失真，并产生杂音而影响播放品质。鉴于上述造成声音失真的因素，有人以音响的频率特性、失真度、信噪比等指标，作为判断音响好坏的标准。例如音响在输出32—18,000赫兹声音的基本要求下，声音信号必须大于杂音100分贝以上，

真度小于1%，才可称作高传真（Hi-Fi）音响。

如何产生"临场感"

要让声音给人良好的空间感受，产生"临场感"，声道与喇叭的配置是最关键的。以杜比公司提出的环绕声系统为例，其共配置了左、右、中央、环绕4个声道，由前后5个喇叭发声，创造出三维空间的音场，模拟声音原有的空间感。例如想要表现飞机从上方呼啸而过，后方两环绕声道会与前方三声道同时发声，产生上方音场；另

在法国的国家测试实验室中，测试个人立体音响的效果。为避免听力受损，这类音响不能超过100分贝。（图片提供/达志影像）

在家里观看影片时，使用四声道的音响，便能产生剧院般的临场效果。（图片提供/达志影像）

双耳效应

由于耳朵一左一右，声音到达双耳的时间、响度会有所差异，大脑将这些差异与过去的听觉经验比较，进而判断出正确的声源方位，称为"双耳效应"。

以人耳为例，假设声源偏向左方，则分别到达左右耳的声音会有快慢之分（左耳先、右耳后），响度也会因为头部的遮挡而有大小之差（左耳响度大、右耳小），大脑会自然地判断出声音来自响度较大、先听到的左方。人耳对于前后方的判断能力较差，但在相同音量下，后方声音会较前方小，因为耳郭构造主要是收集前方来的声音，而非后方的声音。

外，后方的喇叭还可以产生来自后方的声音，以及模拟反射声，增加声音的饱和度，让听众有余音缭绕的感觉，表现绝佳的"临场感"。

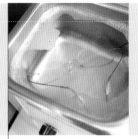

现代声学的应用

（利用超声波清洗眼镜，摄影/张君豪）

你知道声音有哪些应用？不论是听得见或听不见（例如超声波）的声音，都有它独有的特性与功能，如果应用得当，不但可以让原音重现、提高室内音质，甚至可以用来清洗物品、焊接、检查胎儿等。

图中的女孩正一边听发音，一边对照屏幕上显示的声波，借此诊断发音问题。
（图片提供/达志影像）

近代发展

19世纪末，声学逐渐进入应用的阶段。英国人瑞利（1842—1919）在1877年发表"声学理论"，不仅总结了前人在声学上的成果，更开启了应用声学的发展，例如他所讨论的双耳听音理论，已成为现代电声学（包括立体声录音、3D音效等）的理论基础。之后，随着大型音乐厅的兴建，人们对于室内音质的要求也越来越高，到了20世纪初，美国赛宾（1868—1919）提出混响公式——以剧院体积、吸音材料数量算出混响时间，开启了建筑声学的先河，首度将声学理论引入建筑实务，提高了

英国科学家瑞利对应用声学的影响很大，此外他因发现氩元素而获得1904年诺贝尔物理学奖。（图片提供/达志影像）

室内音质的效果。

此外，基于战争的需要，1916年英国军方发明了主动式声呐系统，称为"ASDIC"，有别于1906年尼克森发明的被动式声呐，它不仅定位较准确，还可以侦测静止无声的目标，并促使了声音在物体侦测上的广泛应用，例如医用超声波检查、次声波气象侦测等。

更先进的应用

超声波因为具有振动快（频率高）、无声（人耳无法接收）等优

点，除了应用在水底、医学等侦测方面，现在

助听器的发明

　　20世纪以前，听觉困难的人必须依靠号角状的助听器(又称耳喇叭)，使用者将开口狭小的一端放入耳朵，宽大的一端则代替耳郭收集更多声波，不过助听效果有限，也非常笨重、不易携带。1921年，美国汉森发明了利用真空管的助听器，这也是现代助听器的最早雏型，包括麦克风、放大器(真空管)、耳机(接受器)3部分。外界的声音由麦克风接收后，信号会经过放大器增强，最后由耳机发音传送到使用者的耳膜。之后的80年间，随着电晶体、微处理器的相继发明，助听器越变越小，甚至可以放入耳内不被他人看见。此外，借由内置的声学晶片还能滤去正常语音外的噪音。

（图片提供/达志影像）

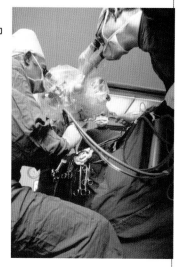

图中左边的外科医师通过显微镜，利用超声波探针，将患者脑部的肿瘤乳化，然后移除。（图片提供/达志影像）

更被应用到工业加工（超声波焊接）和家庭生活（超声波洗衣机）中。在工业加工方面，由于超声波会使传声的介质分子快速地来回振动，让分子间产生摩擦而生热，因此可作为良好的焊接工具，例如热塑性塑料的焊接。在家庭清洗方面，水在超声波的作用下，不仅会急速地振荡，生成气泡，还可以生成双氧水。气泡的尺寸会随着振荡而逐渐加大，当气泡大至临界尺寸并破裂时，四周的水涌入填补空间，并对沾在物体（衣服）上的污垢产生冲击，相当于捣衣的效果；而双氧水强大的氧化能力具有清洗、漂白、杀菌等功效，可以降低清洁剂的用量。

下图中的机器人每天要在机场清洁2万平方米的地板。它使用激光扫描器和超声波侦测器，以免撞到旅客或其他物品。如果有人挡住去路，它会说："对不起，我正在清洁"。另外，它还可以监测是否有人吸烟或违反机场安全规定。（图片提供/达志影像）

助听器的佩戴方式主要分为：
❶耳挂式
❷耳内式
❸耳道式

英语关键词

声学	acoustics		听骨	ear bones
声波	sound waves		共鸣腔	resonance cavity
超声波	ultrasound		口技	gastriloquism
次声波	infrasonic wave		基音	fundamental frequency
波长	wavelength		泛音	overtone
振幅	amplitude		共振	resonance
振动	vibrations		共鸣箱	resonator
音调	intonation		音速	speed of sound
响度	loudness		超音速	supersonic
音色	timbre		音障	sound barrier
频率	frequency		声爆	sonic boom
赫兹	Hz(Hertz)		纵波	longitudinal wave
分贝	dB(Decibels)		横波	transverse wave
噪音	noise		介质	medium
声带	vocal cords		多普勒效应	Doppler effect
耳膜	eardrum		反射	reflection
耳蜗	cochlea		透射	transmission

折射　refraction

衍射　diffraction

回音　echo

残响　reverberation

吸音　sound-absorbing

声呐　sonar

建筑声学　architectural acoustics

直达声　direct sound

近次反射声　early reflections sound

混响声　reverberation sound

乐器　musical instrument

弦乐器　stringed instrument

管乐器　wind instrument

打击乐器　percussion instrument

调音　tuning

音叉　tuning fork

麦克风　microphone

动圈式麦克风　moving coil microphone

电容式麦克风　capacitor microphone

振动膜　diaphragm

音圈　voice coil

录音　record/tape

多声道录音　multitrack recording

留声机　phonograph

喇叭/扬声器　speaker

电声学　electroacoustics

双耳听音理论　Duplex Theory

助听器　hearing aid

1 声音由物体的振动产生，以下声音各是如何产生的？（连连看）

管乐声·　　　　　　　·振动腹部下方的薄膜
弦乐声·　　　　　　　·弦线上下振动
　鼓声·　　　　　　　·空气在管内来回振动
蝉鸣声·　　　　　　　·鼓面上下振动

（答案见06—07页）

2 音调、响度、音色简称为声音三要素，它们各自代表什么？（连连看）

响度·　　　　　　·声音听起来高亢或低沉
音色·　　　　　　·声音的响亮程度
音调·　　　　　　·声音听起来的感觉或品质

（答案见10—13页）

3 有关声音的传播，以下对的打○，错的打×。

（　）声音可以在空气与真空中传播。
（　）声音在水中传得比在空气中快。
（　）在空气中，气温越高，声音传递的速度越慢。
（　）18世纪德国科学家克拉尼发现了声波图，证实了声波的存在。

（答案见08—09，14—15页）

4 右边的现象分别属于声音的哪种传播方式？（连连看）

折射·　　　　　·浴室的回音
透射·　　　　　·躲在水泥矮墙后，仍可听见墙的另一边传来声音
衍射·　　　　　·潜入水中，仍可听见岸上的加油声
反射·　　　　　·静声区的产生

（答案见16—21页）

5 有关音乐厅设计，以下对的打○，错的打×。

（　）音乐厅的混响时间越长越好，声音才会丰满又不失清晰度。
（　）听众席的座位会由低逐渐增高，是怕后排听众看不到舞台，与声音无关。
（　）"空间感"是指声音给人的空间感受，包括远近、前后、左右等。
（　）音乐厅太大、座位太多，容易造成（座椅）吸音过多而使混响不足。

（答案见22—23页）

6 有关乐器音调的高低，哪些叙述是正确的？（多选）
1. 弹奏弦乐器，弦愈长，产生的音调愈低。
2. 吹奏管乐器，空气柱越长，产生的音调越高。
3. "无调打击乐器" 只能发出单个音调的声音。
4. "有调打击乐器" 可以发出不同音调的声音，奏出旋律。
（答案见24—25页）

7 有关声音的接收与播放，以下对的打○，错的打×。
（ ）耳膜是动物接收声音的重要构造。
（ ）麦克风的振膜将空气振动（声音）转换成电信号，以此接收声音。
（ ）喇叭的振膜将电信号转换成空气振动（声音），以此播放声音。
（ ）动圈式麦克风利用磁生电的原理产生电信号。
（答案见26—27页）

8 请将左边的录音方式和右边的说明对应起来。（连连看）

类比录音·　　·对声音取样后，转为0和1的数字格式储存起来
　　　　　　·直接将声波波形（振动的幅度）记录下来
数字录音·　　·稍微刮损便会造成声音失真
　　　　　　·声音不易失真，保存期长
（答案见28—29页）

9 有关声音的播放，下列哪些叙述正确？（多选）
1. 放大器是将音源信号的功率放大。
2. 扬声器（喇叭）是将声音信号转为声音输出。
3. 音响的好坏主要看有没有噪音。
4. 声道的多少和扬声器的配置，会影响听者的临场感。
（答案见30—31页）

10 有关现代声学的应用，以下哪个 "不是" 声学的应用？
（ ）声呐
（ ）超声波洗衣机
（ ）超声波焊接
（ ）雷达
（答案见32—33页）

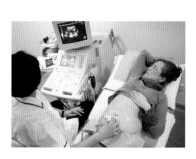

我想知道……

这里有30个有意思的问题，请你沿着格子前进，找出答案，你将会有意想不到的惊喜哦！

开始！

为什么听自己的声音与他人听到的不同？ P.07

男高音和女高音的音域有什么差别？ P.10

多少频称为超

扇形音乐厅有什么缺点？ P.23

木管乐器和铜管乐器有什么不同？ P.24

管风琴的发声方式和钢琴有什么不同？ P.24

太棒赢得金牌

音乐厅厅堂上方的反射板有什么用途？ P.23

高传真音响有什么标准？ P.30

哪个学者将声学理论引入建筑？ P.32

为什么超声波可以用来洗涤？ P.33

如何评断音乐厅的好坏？ P.22

耳机如何播放声音？ P.30

MP3如何压缩声音？ P.29

颁发洲金

太厉害了，非洲金牌也是你的！

为什么气密窗能阻隔声音？ P.21

为什么音响的喇叭不要太靠近墙壁？ P.21

广播电台的AM和FM有什么不同？ P.20

夜半钟船，音的

率以上声波？ P.10

哪种动物接收的声音频率和人最接近？ P.11

目前广泛使用的音阶是谁发明的？ P.11

不错哦，你已前进5格。送你一块亚洲金牌！

了，美洲

手机和弦是如何组成的？ P.25

调音师如何为钢琴调音？ P.26

哪些因素会影响乐器的声音？ P.12

太好了！
你是不是觉得：
Open a Book！
Open the World！

麦克风如何接收声音？ P.27

为什么救护车靠近时鸣笛声特别尖锐？ P.15

为什么超音速飞机会产生声爆？ P.15

大洋牌。

最早的CD是由什么公司研发的？ P.29

留声机是谁发明的？ P.28

为什么在浴室唱歌声音会特别饱满？ P.16

声到客能是声现象？ P.19

冬天和夏天，哪个季节地面传声的效果较好？ P.18

获得欧洲金牌一枚，请继续加油！

下雪时为什么很安静？ P.17

图书在版编目（CIP）数据

声音的世界：大字版 / 陈诗喻撰文. —北京：中国盲文
出版社，2014.9
（新视野学习百科；48）
ISBN 978-7-5002-5409-6

Ⅰ. ①声… Ⅱ. ①陈… Ⅲ. ①声学—青少年读物
Ⅳ. ① O42-49

中国版本图书馆 CIP 数据核字 (2014) 第 209920 号

原出版者：暢談國際文化事業股份有限公司
著作权合同登记号 图字：01-2014-2077 号

声音的世界

撰　　　文：	陈诗喻
审　　　订：	王昭男
责任编辑：	王丽丽
出版发行：	中国盲文出版社
社　　　址：	北京市西城区太平街甲 6 号
邮政编码：	100050
印　　　刷：	北京盛通印刷股份有限公司
经　　　销：	新华书店
开　　　本：	889×1194 1/16
字　　　数：	33 千字
印　　　张：	2.5
版　　　次：	2014 年 12 月第 1 版　2014 年 12 月第 1 次印刷
书　　　号：	ISBN 978-7-5002-5409-6/O · 25
定　　　价：	16.00 元

销售热线：（010）83190288 83190292　　　　　版权所有　侵权必究

绿色印刷　保护环境　爱护健康

亲爱的读者朋友：

　　本书已入选"北京市绿色印刷工程—优秀出版物绿色印刷示范项目"。它采用绿色印刷标准印制，在封底印有"绿色印刷产品"标志。

　　按照国家环境标准（HJ2503-2011）《环境标志产品技术要求 印刷 第一部分：平版印刷》，本书选用环保型纸张、油墨、胶水等原辅材料，生产过程注重节能减排，印刷产品符合人体健康要求。

　　选择绿色印刷图书，畅享环保健康阅读！

北京市绿色印刷工程